La valeur de la propreté

La valeur de la propreté

Par Gaétan Lanthier & Rémi Charlebois

Ce document a été réalisé par Lalema inc. dans le cadre du colloque annuel de l'Association Hygiène et Salubrité en Santé 2015 et remis à chaque participant. Les opinions émises dans cette publication n'impliquent aucunement l'association ou aucun de ses membres.

Design graphique (couverture) : Alex St-Gelais
Réviseure : Marie-Hélène Leduc

Remerciements tout particuliers :
Alex pour ses réalisations vraiment exceptionnelles.
Marie-Hélène pour sa rigueur dans les révisions.
Stéphane pour rendre ses visions contagieuses (sans jeu de mots).
L'AHSS pour leur dévouement à regrouper les gestionnaires et employés en hygiène et salubrité et pour l'opportunité de créer des échanges entre établissements mais aussi avec ses fournisseurs.

Dépôt légal — Bibliothèque et Archives nationales du Québec, 2015.
Dépôt légal — Bibliothèque et Archives Canada, 2015.

ISBN 978-2-9814674-4-7

Table des matières

Mot des auteurs 6

La valeur de la propreté pour les préposés et les gestionnaires du réseau de la santé 7

L'incroyable valeur de la propreté* 8

5 impacts du risque infectieux sur l'organisation du travail .11

5 raisons pour harmoniser les pratiques, les produits et l'équipement 14

5 preuves qu'il ne faut jamais sous-estimer l'utilisation d'un bon système de tapis d'entrée 18

5 gestes pour optimiser sa journée 22

5 bonnes causes pour être écoresponsable 26

5 façons de réduire la fatigue au travail 29

5 nouveautés sur le SIMDUT 2015 33

L'importance du métier d'entretien sanitaire vis-à-vis de la communauté 36

La valeur de la propreté pour les bénéficiaires du réseau de la santé 39

Perspective historique 40

Le rôle des surfaces dans la transmission des pathogènes ...44

Comment l'environnement se contamine-t-il? 45

Hygiène des mains 47

Ce que nous réserve l'avenir 51

Conclusion générale 54

Mot des auteurs

La propreté de l'environnement qui nous entoure est étroitement liée à notre qualité de vie. Dans ce livre, vous serez amené à découvrir, ou redécouvrir, les actions et les pratiques qui contribuent à améliorer la propreté et la salubrité d'un milieu de vie ou de transition.

Entre autres, nous aborderons les enjeux liés aux risques infectieux, à la qualité des produits et équipements d'entretien et aux différentes facettes de l'organisation du travail.

De plus, une perspective historique permettra de retracer les grandes étapes de l'amélioration et de l'importance du contrôle et de la prévention des infections avec comme outil l'hygiène environnementale.

Finalement, nous porterons un regard sur ce que l'avenir nous réserve.

En bref, nous vous proposons de faire un examen complet de l'état de santé de la propreté des centres de soins.

Gaétan et Rémi

Première partie

La valeur de la propreté pour les préposés et les gestionnaires du réseau de la santé

L'incroyable valeur de la propreté*

Il est grand temps d'arrêter de penser au nettoyage comme un coût. Un investissement modéré dans la propreté peut générer un retour substantiel sur votre argent.

L'absentéisme coûte cher

Un employé absent vous coûte de l'argent. Il est à noter que le nettoyage peut réduire ce risque. En moyenne, un employé prendra 7,7 journées de maladie par année. Ces absences coûtent aux États-Unis 225,8 milliards de dollars annuellement. Au Canada, on pourrait estimer cela à près de 20 milliards de dollars!

Effets des absences non planifiées

Une absence non planifiée peut réduire la productivité d'un département de 54 % et une baisse de ventes et de service à la clientèle jusqu'à 39 %.

Impacts positifs d'un environnement plus propre

Dans un environnement où la propreté est augmentée, les occupants réduisent leur chance d'attraper le rhume ou le virus de la grippe de 80 %. Les surfaces contaminées par un virus sont réduites de 62 % et le taux d'absentéisme est réduit de 46 %.

Surfaces à haut risque de contamination

Voici les surfaces les plus communes présentant un haut risque de contamination :

- Souris d'ordinateur
- Claviers d'ordinateur
- Téléphones
- Lavabos
- Robinets
- Portes de micro-ondes
- Portes de réfrigérateurs
- Fontaines d'eau
- Machines distributrices

La propreté verte

La propreté veut dire la santé, mais aussi écologie et économie. Les travailleurs sont de 2 % à 8 % plus productifs dans un environnement plus propre. Dans un bureau typique de 100 employés avec un salaire moyen de 25 000 $, cela représente 125 000 $ d'économie annuelle en gain de productivité.

Le client aussi préfère la propreté

Dans un sondage fait par une chaîne de restauration rapide, 6 répondants sur 10 placent la propreté au premier rang dans leur intention de revenir plus souvent. Aussi, 60 % des répondants d'un sondage dans le commerce de détail placent également la propreté au premier rang parmi les facteurs environnementaux dans leur intention d'acheter plus.

N'oublions pas les salles de toilettes : 94 % des répondants affirment qu'ils ne retourneraient pas dans un commerce où les toilettes sont malpropres.

L'incroyable valeur de la propreté

La propreté n'est pas un coût, mais une source de revenus. C'est ça l'incroyable valeur de la propreté!

*Ce texte est inspiré librement d'une vidéo de l'ISSA (International Sanitary Supply Association).

5 impacts du risque infectieux sur l'organisation du travail

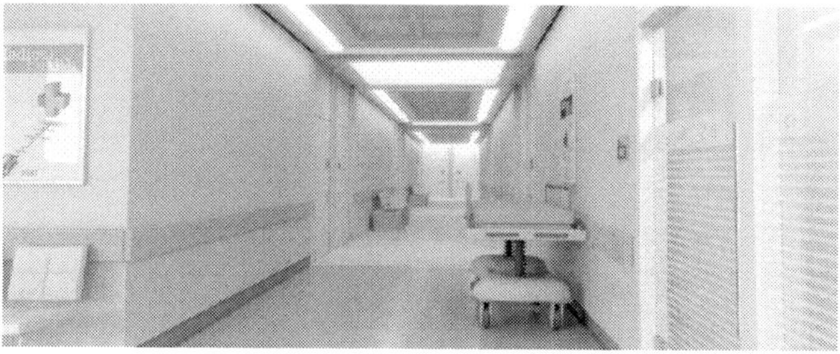

Le risque d'infections nosocomiales est estimé à 10 %. Cela veut dire qu'une personne sur dix risque de contracter une maladie à l'hôpital alors qu'elle s'y trouvait pour une autre raison! Bien entendu, on associe souvent la propreté et l'asepsie des surfaces comme des causes de ce risque.

Il existe une multitude de facteurs qui influence le risque d'infections nosocomiales comme le lavage des mains, le respect des procédures d'isolement et effectivement l'asepsie des surfaces et des équipements.

Préposés en hygiène et salubrité

Le nettoyage des surfaces dans les centres de santé est confié aux préposés en hygiène et salubrité. Ceux-ci sont un des atouts clés dans la lutte aux infections dans le milieu hospitalier. Leur rôle, autrefois peu valorisé, l'est maintenant par l'importance qu'ils ont dans la stratégie de réduction des risques liés à l'environnement.

La salubrité qui découle du travail des préposés requiert un niveau de performance adéquat voir élevé. Pour y arriver, le personnel tant exécutant que les gestionnaires doivent maîtriser l'ensemble des éléments qui composent ce métier.

Les produits d'entretien et le parc d'équipement constituent indéniablement des éléments importants pour assurer l'efficience lors de l'asepsie de l'environnement de tout établissement. Il devient donc essentiel d'associer étroitement les actions quotidiennes de la main-d'œuvre en matière d'hygiène avec une gamme de produits et d'équipements qui favorisent la qualité de leur prestation.

Depuis quelques années, grâce entre autres au dévouement et à l'implication de plusieurs membres du réseau de la santé au Québec, on compte plusieurs éléments nouveaux :

- Formation provinciale
- Création d'un AEP Hygiène et salubrité en milieux de soins de 630 heures maintenant offert dans plusieurs commissions scolaires
- Journée provinciale Hygiène et salubrité

L'impact du risque infectieux

Les tâches d'un préposé en hygiène et salubrité sont diverses et peuvent être regroupées en différents types de travail :

1. Travaux routiniers
2. Travaux mensuels
3. Travaux annuels (ou saisonniers)

4. Départs-transferts et désinfections terminales
5. Travaux fonctionnels

Quoi faire?

Afin d'outiller les préposés en hygiène et salubrité de manière adéquate, il convient d'avoir un parc d'équipement efficace et adapté, des produits nettoyants performants et une organisation du travail impeccable. Qu'en pensez-vous?

5 raisons pour harmoniser les pratiques, les produits et l'équipement

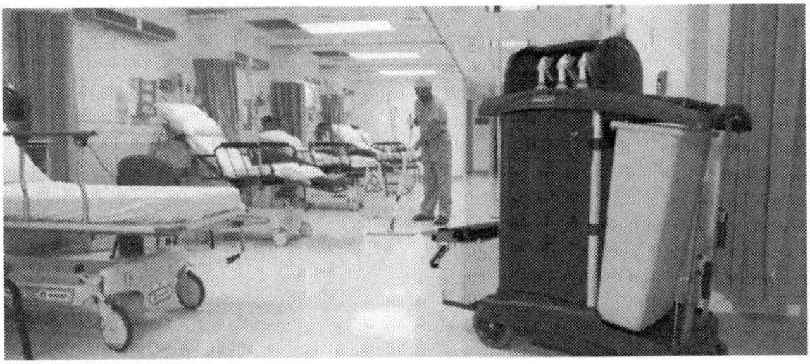

Crédit photo : Rubbermaid Commercial Product

Saviez-vous que le métier de concierge ou de préposé à l'hygiène et salubrité présentent souvent des lacunes en termes de productivité? La nature même du poste implique jusqu'à 30 % de perte de temps en déplacement! En effet, il arrive malheureusement trop souvent que les points de ravitaillement en eau soient éloignés de la zone de travail. Le point de cueillette de l'équipement, du chariot de concierge et des fournitures se trouve presque toujours au sous-sol voire dans un autre bâtiment, alors que la zone de travail se situe sur les étages ou plusieurs centaines de mètres plus loin.

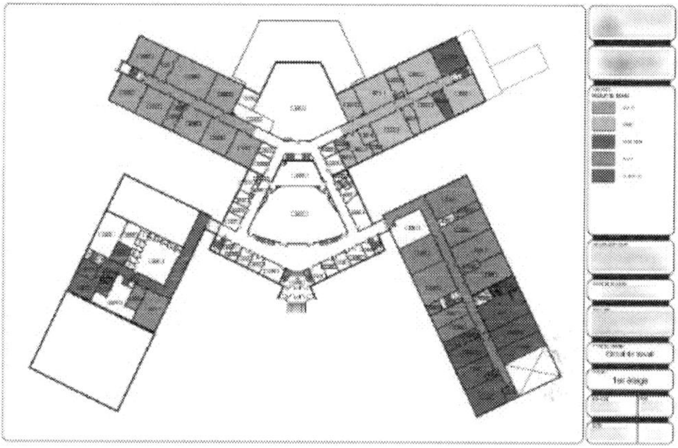

Lors de la conception de nouveaux bâtiments ou unités, on a encore tendance à oublier l'entretien ménager. Lorsqu'on manque d'espace, les locaux de concierge sont souvent les premiers à être négligés sans tenir compte de l'impact financier et à plus long terme de la salubrité même des lieux. Vous ne me croyez pas? Sur les derniers plans que j'ai évalués, il y avait un étage complet (plus de 1 000 mètres carrés) sans aucun point d'eau ni conciergerie. Si nous n'étions pas intervenus à temps, le concierge aurait dû utiliser le lavabo de la salle de toilettes ou prendre l'ascenseur pour changer son eau!

Standardisation du matériel du chariot de concierge

Alors, si on regarde les raisons pourquoi devrait-on standardiser le matériel d'un chariot de concierge :

1. Un chariot de concierge bien équipé réduit considérablement le nombre de déplacements.
2. Un chariot de concierge polyvalent augmente le niveau de propreté des lieux.
3. Un chariot de concierge bien ordonné améliore l'image que vous projetez à la clientèle.
4. Un chariot de concierge standardisé facilite la formation et la compréhension des préposés.
5. Un chariot de concierge adapté à vos besoins rend le travail plus productif.

Avec cela, vous aurez un chariot de concierge à la hauteur de vos attentes!

Exemple de matériel du chariot de concierge

Sans s'y limiter, voici ce que devrait contenir en équipement un chariot de travail d'une route bien organisée :

- 1 seau de lavage de 7 à 9 litres (2 bacs)
- 4 vaporisateurs de 750 ml contenant respectivement :
  - 1 détergent à usage général (neutre)
  - 1 nettoyant à vitre (surfactant)
  - 1 désinfectant
  - 1 dégraissant pour taches rebelles
- 1 grattoir à lame rétractable pour vitre
- 1 grattoir de type couteau à mastic à lame souple ou grand manche
- 3 tampons abrasifs en fibre plastique
- 1 lavette à cuvette munie d'un protecteur d'essorage
- 12 chiffons microfibres de lavage

- 1 porte-poussière
- 1 petit balai
- Sacs de poubelle en divers formats
- 1 époussette synthétique à attraction statique ou microfibre sur un manche télescopique flexible qui permet le dépoussiérage des cadres, des dessus de portes et autres
- 1 petite brosse à usage multiple pour faciliter l'accès aux endroits exigus
- 1 brosse à poignée de type brosse en pointe
- 1 vadrouille à sec pour les surfaces de sol
- 1 seau/essoreuse pour le lavage des surfaces de sol
- 1 vadrouille à laver pour les surfaces de sol
- 1 contenant à déchets approprié aux besoins du secteur
- Équipements de sécurité : gants, lunettes, masques et autres

5 preuves qu'il ne faut jamais sous-estimer l'utilisation d'un bon système de tapis d'entrée

Crédit photo : Corporation de tapis Mat Tech

Installer un tapis d'entrée est la seule solution préventive afin de minimiser l'accumulation de saleté dans votre édifice. En tant que première ligne de défense, sachez qu'un agencement adéquat de 15 pieds linéaires de carpettes performantes empêchera jusqu'à 85 % de la saleté de se propager sur vos planchers. Voici la véritable valeur d'un tapis d'entrée.

Combien ça coûte de ne pas mettre de tapis d'entrée?

- L'ISSA estime qu'il en coûte environ 1 000 $ pour sortir 1 kg de saleté d'un bâtiment.
- Également, selon un article de Stephen Ashkin : 1 000 personnes apportent jusqu'à 550 grammes de saleté par jour.
- Alors, supposons 1 bâtiment avec un trafic de ~350 personnes par jour à raison de 5 jours par semaine pendant 52 semaines soit un trafic annuel de 91 000 visiteurs! Nous avons alors 50 kg ce qui se traduit

par une estimation de vos coûts d'entretien de 50 000 $**!

Plus on retient la saleté à l'entrée, plus ces coûts diminueront.

Pourquoi installer trois tapis d'entrée plutôt qu'un seul?
N'oubliez pas que 15 pieds (4,6 mètres) linéaires de carpettes performantes empêcheront jusqu'à 85 % de la saleté de se propager sur vos planchers, ce qui devrait optimiser et réduire vos coûts d'entretien.

Les tapis d'entrée, un choix écologique et brillant :

1. Réduisent vos coûts d'entretien
2. Protègent vos planchers
3. Améliorent la qualité de l'air en diminuant la poussière
4. Rehaussent l'apparence de votre lieu de travail
5. Diminuent les risques de chutes et d'accidents

Pourquoi créer un programme d'entretien
Saviez-vous que l'entretien des tapis d'entrée, s'il est fait régulièrement, permet de prolonger la durée de vie et d'améliorer l'apparence de vos carpettes? Il est recommandé de développer un calendrier d'entretien. La fréquence dépendra du trafic et des conditions de saleté.

Installation d'un tapis d'entrée

- Les tapis et carpettes roulés doivent être déroulés à plat pendant quelques jours avant l'installation.

- Un peu de peluche ou de duvet peuvent apparaître sur la surface de la carpette. Quelques aspirations les feront disparaître.
- Certaines carpettes de caoutchouc peuvent présenter une mince pellicule huileuse. Cela est un agent lubrifiant inhérent aux produits moulés et non pas un défaut. Laver simplement avec un détergent doux ou un nettoyant dégraissant écologique, au besoin.
- Pour le remisage, rouler les carpettes et entreposer à plat, à température modérée. Ne pas écraser ou entreposer debout.

Inspection périodique d'un tapis d'entrée

Des inspections périodiques sont recommandées afin de détecter toute déchirure sur les bordures. Pour réparer une bordure endommagée, coller les sections avec un adhésif cyanoacrylate de type Super Glue.

Nettoyage et entretien d'un tapis d'entrée

Les tapis d'entrée sont utilisés pour capturer la saleté afin qu'elle ne se disperse pas dans un édifice. Par contre, pour demeurer efficaces, ils doivent être nettoyés régulièrement.

- **Aspiration quotidienne.** Passer l'aspirateur quotidiennement.
- **Nettoyage des taches.** Laver à la main ou faire l'extraction des taches en utilisant un shampooing ou un détergent à carpette à base d'eau.

- **Problème de calcium?** Utiliser un nettoyant écologique spécialement conçu pour enlever les dépôts de calcium.
- **Nettoyage complet.** Nettoyer la carpette de façon périodique en utilisant un extracteur à carpette et un détergent ou un shampooing à base d'eau. Ne pas utiliser de nettoyant à base de solvant; cela ferait sécher la colle.
- **Séchage du tapis.** L'excès d'eau doit être enlevé par extraction ou en suspendant la carpette. Lorsque possible, les carpettes doivent être complètement sèches avant d'être remises en opération.

Ces quelques conseils devraient maintenant vous aider à passer un meilleur hiver!

**Résultats à titre indicatif. Vos coûts d'entretien peuvent varier de cette simulation.

5 gestes pour optimiser sa journée

On veut tous sauver du temps. J'abordais récemment un thème important, soit la standardisation du matériel dans un chariot de concierge. Cela me mène à vous parler de plusieurs solutions pour sauver du temps. En passant, nul besoin de s'acheter un minuteur pour cela!

Pour sauver du temps, donnez la priorité aux priorités

Inspiré par Stephen R. Covey : « donner la priorité aux priorités » (first things first en anglais) vient remettre chaque tâche en perspective. Cela devient un guide permettant de choisir les bonnes actions à accomplir. Le truc, c'est de viser les actions importantes, mais pas urgentes, et de se rappeler que les urgences des uns ne sont pas celles des autres. En voici des exemples :

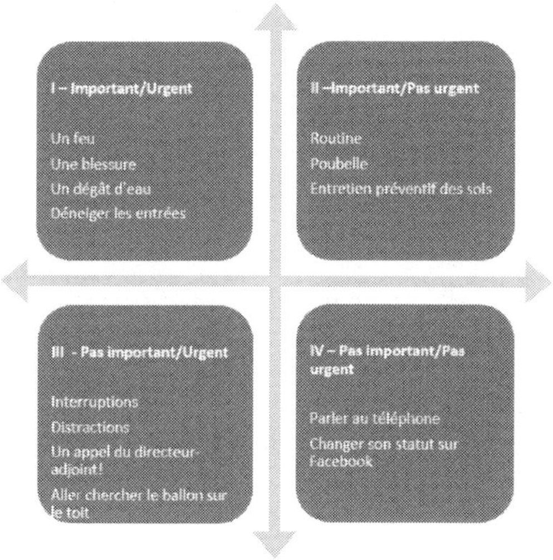

Pour sauver du temps, soyez organisé dans votre travail

Pour améliorer l'organisation dans votre travail, cherchez les inefficacités, par exemple :

- Améliorer des installations déficientes
- Corriger des horaires inadéquats
- Palier à une formation insuffisante
- Revoir une organisation désorganisée
- Identifier des produits et des équipements inadaptés

Pour sauver du temps, réduisez la fatigue

Un travail prolongé en position debout et stationnaire ralentit la circulation sanguine. Ceci intensifie le travail du cœur, équivalent à un effort physique soutenu. Cela réduit également l'apport en oxygène aux muscles. Moins d'oxygène = plus de fatigue et plus de douleur. Il s'agit de la principale cause de fatigue. Êtes-vous familier avec les conséquences de la fatigue?

- Diminution de la productivité des travailleurs
- Augmentation du risque d'accident
- Réduction de la motivation et du moral des travailleurs

Une solution simple est d'installer aux postes de travail stationnaire des tapis ergonomiques (anti-fatigue).

Pour sauver du temps, automatisez les tâches
Le meilleur exemple est sans doute l'autolaveuse ou la machine à plancher. C'est une solution à bien des maux! Voici en quoi une autolaveuse peut vous aider :

- La mécanisation (autolaveuse, polisseuse, extracteur à tapis, etc.) est souvent un atout qui permet :
  - d'une part d'augmenter la qualité des résultats des prestations
  - d'autre part d'augmenter la productivité (plus de tâches peuvent être réalisées)
- Considérer d'autres avantages :
  - Réduction du risque de chute (plancher mouillé)
  - Réduction de la fatigue et du risque d'accident chez le travailleur
  - Image rehaussée de votre établissement

Pour sauver du temps, réduisez les risques

La charge de travail se répartit normalement selon la charte ci-après. Toutefois, la charge est souvent établie pour une situation « normale » ou planifiée. Qu'arrive-t-il en période d'éclosion? En situation de crise? Il est important de prévoir une certaine marge de manœuvre, mais surtout d'avoir un plan B : c'est la gestion du risque! Car une planification trop serrée entraînera probablement une détérioration de la propreté des endroits moins critiques, mais, à plus long terme, la salubrité des lieux pourrait en souffrir.

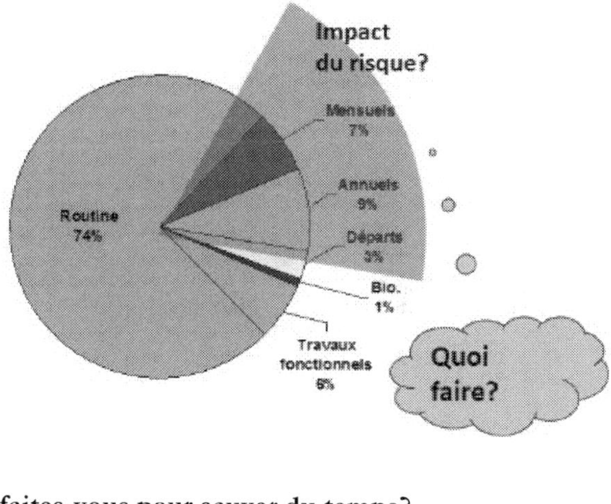

Que faites-vous pour sauver du temps?

Alors, après avoir lu ce qui précède, vous reconnaissez-vous? Quelles actions avez-vous déjà entreprises pour optimiser votre temps?

5 bonnes causes pour être écoresponsable

Un trop grand nombre de déchets sont simplement envoyés à la décharge ou incinérés alors que la meilleure solution pour limiter notre empreinte sur l'environnement consiste à recycler et composter le maximum de déchets. Pour mettre en place un programme de recyclage, vous devez disposer de la meilleure solution possible.

Le recyclage intelligent

Une large gamme de produits favorise la gestion de vos déchets et leur recyclage. Cela va des simples corbeilles de bureaux pour le recyclage du papier aux stations centrales de recyclage à l'intérieur et à l'extérieur.

Des produits durables pour le recyclage

Non seulement une solution intégrée de recyclage contribue à augmenter le taux de recyclage et à réduire les déchets allant à la décharge, mais le concept de développement durable est intégré dès leur conception et leur fabrication, ce qui réduit l'impact sur l'environnement.

Des produits pour le recyclage respectueux de l'environnement
En optant pour une gamme complète de produits en plastique pour le recyclage qui utilisent de la matière recyclée, vous marquez encore des points!

Le recyclage et l'approvisionnement écoresponsable, c'est l'affaire de tous
Vous faites partie d'un comité « vert »? Votre mandat est de changer vos produits traditionnels pour des produits de nettoyage environnementaux? Vous voulez réduire votre empreinte de carbone?

La bonne nouvelle, c'est que tout ça est désormais possible.

Que ce soit pour une petite, une moyenne ou une grande entreprise, un établissement public ou un OSBL, l'approvisionnement écoresponsable n'a jamais été aussi simple…

Solutions de recyclage et d'approvisionnement vert
Une solution d'approvisionnement écoresponsable en produits sanitaires inclut plusieurs volets. Pour être certain de ne rien oublier, voici quelques exemples de produits écologiques auxquels vous n'auriez peut-être pas pensé :

- Produits de nettoyage écologiques et biologiques
- Réutilisation des contenants
- Urinoirs sans eau

- Système de robinet automatique à faible consommation d'eau et d'énergie
- Sac à rebuts oxo-biodégradables
- Tapis d'entrée fait de matière recyclée
- Équipements à faible consommation d'énergie
- Équipements pour la collecte multi-matières
- Vadrouilles en fibre recyclée

5 façons de réduire la fatigue au travail

Crédit photo : Corporation de tapis Mat Tech

Travailler debout peut développer des maux de dos

Beaucoup d'entre nous ont déjà eu mal au dos après une journée de travail debout soit derrière une machine ou un comptoir ou après un salon, une exposition, etc. Selon l'Enquête québécoise sur des conditions de travail, d'emploi et de santé et de sécurité du travail (EQCOTESST) de 2011 :

[…] un travailleur québécois sur cinq rapporte des troubles musculo-squelettiques (TMS) perçus comme étant liés au travail, soit des douleurs importantes qui dérangent ses activités, qu'il ressent souvent ou tout le temps, et qu'il attribue à son emploi principal.

[…] Environ 7 % des travailleuses et des travailleurs visés se sont absentés du travail en raison de douleurs musculo-squelettiques liées à leur emploi principal au cours de l'année précédant l'enquête.

Un travail prolongé en position debout et stationnaire ralentit la circulation sanguine. Ceci intensifie le travail du cœur, équivalent à un effort physique soutenu. Cela réduit également l'apport en oxygène aux muscles. Moins d'oxygène = plus de fatigue et plus de douleur. Il s'agit de la principale cause de fatigue.

Toujours selon la même étude :

[…] La prévalence des TMS liés à l'emploi principal est également beaucoup plus importante chez les travailleurs exposés à diverses contraintes organisationnelles ou psychosociales du travail

- *Tension au travail (Job strain)*
- *Tension et faible soutien au travail (Iso-strain)*
- *Déséquilibre entre l'effort et la reconnaissance*
- *Travail émotionnellement exigeant*

Êtes-vous familier avec les conséquences de la fatigue?

La fatigue peut provoquer des conséquences négatives, désagréables voire dangereuses pour la santé et la sécurité des travailleurs, mais aussi pour celles des autres. En voici quelques exemples :

- Diminution de la productivité des travailleurs
- Augmentation du risque d'accident
- Réduction de la motivation et du moral des travailleurs

Savez-vous ce que sont les tapis anti-fatigue?

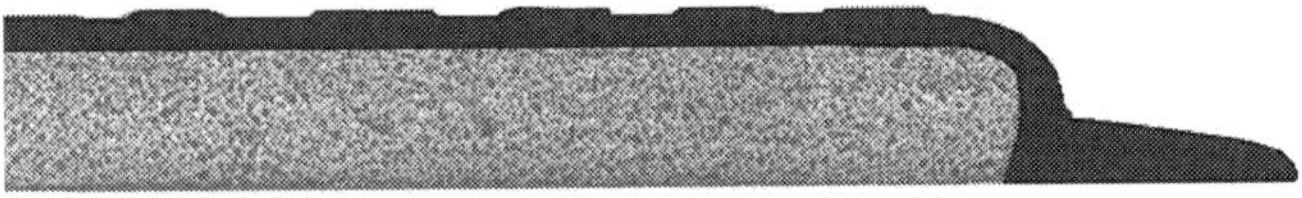

Les carpettes ergonomiques réduisent la fatigue en position debout à l'aide d'un savant mélange de souplesse et de support. De plus, elles offrent une surface sécuritaire et adhérente qui réduit grandement les risques de chutes.

Les carpettes ergonomiques permettent une distribution efficace du poids tout en diminuant les impacts sur les articulations, permettant des positions plus naturelles et moins de points de tension.

Ces carpettes offrent aussi une résilience au rebond. Pendant que les pieds du travailleur font pression sur la carpette, celle-ci exerce une pression négative en poussant sur les pieds. Ces micromouvements permettent ainsi un retour d'énergie stimulant les mouvements et la circulation sanguine. Alors cela :

1. Soulage les muscles comprimés dus à un état constant de contraction
2. Stimule la circulation sanguine ralentie causée par des vaisseaux comprimés
3. Réduit la tension au niveau du dos et de la colonne résultant de mouvements statiques
4. Soulage le stress aux pieds et aux articulations dû à une longue période en position debout
5. Augmente par conséquent la productivité

Comment choisir son tapis ergonomique

La question la plus importante est : dans quel type d'environnement le tapis anti-fatigue sera-t-il utilisé?

On regroupe les types d'environnement ainsi :

- Environnement sec
- Environnement mouillé
- Environnement huileux

Ce choix vous assure d'obtenir un confort et une sécurité maximum.

5 nouveautés sur le SIMDUT 2015

	**Bombe explosant** (pour les dangers d'explosion ou de réactivité)		**Flamme** (pour les dangers d'incendie)		**Flamme sur un cercle** (pour les matières comburantes)
	**Bouteille à gaz** (pour les gaz sous pression)		**Corrosion** (peut être corrosif pour les métaux ainsi que la peau ou les yeux)		**Tête de mort sur deux tibias** (peut être toxique ou mortel après une courte exposition à de quantités)
	**Danger pour la santé** (peut avoir ou est présumé avoir de graves effets sur la santé)		**Point d'exclamation** (peut entraîner des effets moins sévères sur la santé ou couche d'ozone)		**Environnement*** (peut être nocif pour le milieu aquatique)
	**Matières infectieuses présentant un danger biologique** (pour les organismes ou les toxines susceptibles de causer des chez l'humain ou chez l'animal)				

Entrée en vigueur du nouveau Règlement sur les produits dangereux

Le règlement a été adopté le 11 février 2015 et implémente le SIMDUT 2015 ou le SIMDUT harmonisé au Système général harmonisé.

Le SIMDUT 1988 et le SIMDUT 2015 cohabiteront jusqu'au 1er décembre 2018, date à laquelle tous (fabricants, importateurs, distributeurs, employeurs et employés) devront être en conformité avec le nouveau système.

Nouveaux pictogrammes de danger

Les nouveaux symboles sont présentés dans un losange à bordure rouge sur fond blanc (à l'exception des matières infectieuses présentant un danger biologique qui demeure un cercle à bordure noire sur fond blanc). Les pictogrammes sont en noir.

Les dangers pour la santé sont maintenant divisés en risques :

Corrosif pour la peau ou les yeux	Risques toxiques ou mortels après une courte exposition	Risques graves pour la santé	Risques moins sévères

Nouvelles étiquettes du fournisseur SIMDUT 2015
La bordure hachurée ne sera plus requise sur les étiquettes de produits dangereux. Les étiquettes présenteront 10 nouveaux pictogrammes de danger.

Les données normalisées présenteront les données ainsi :

- Mention d’avertissement
- Mentions de danger
- Pictogrammes
- Conseils de prudence
- Identificateur du produit
- Identificateur du fournisseur initial

Nouvelle fiche de données de sécurité (FDS)
Le système général harmonisé demande une fiche de données de sécurité contenant 16 rubriques plutôt que les 9 sections que l'on retrouvait sur la fiche signalétique.

La nouvelle fiche de données de sécurité devra aussi inclure les pictogrammes de danger.

Depuis plusieurs années, certains fournisseurs proposaient déjà des fiches de données de sécurité à 16 rubriques. Ils devront se conformer aux nouvelles exigences. Pendant la période de transition, il sera désormais interdit d'utiliser les nouvelles étiquettes avec les anciennes fiches signalétiques à 9 sections.

La mise à jour des FDS n'est plus requise aux 3 ans. Toutefois, la mise à jour de la FDS est faite dès que de nouvelles données sont disponibles.

Nouvelles responsabilités de l'employeur
Les responsabilités de l'employeur et de l'employé demeurent. Toutefois, certaines responsabilités s'ajoutent à l'employeur :

- Affecter un responsable de la transition au SIMDUT 2015
- Archiver les fiches signalétiques désuètes
- Demeurer informer sur le SIMDUT 2015

L'importance du métier d'entretien sanitaire vis-à-vis de la communauté

Les métiers du domaine de l'entretien sanitaire, que ce soit dans les hôpitaux, les écoles, les édifices publics, les bureaux ou les industries, sont d'une importance capitale.

Un rôle de responsabilité et d'éthique professionnelle

Dans toute entreprise, l'environnement du milieu conjugué à une bonne qualité d'entretien sanitaire sont des éléments essentiels afin de maintenir constant le professionnalisme qui doit s'y dégager.

Cet énoncé étant aussi un principe élémentaire relativement à la qualité de vie au travail, celui-ci fait donc également état de l'importance et de la responsabilité des gens œuvrant dans le milieu de l'entretien sanitaire.

Ainsi, afin que l'intégration du préposé à l'entretien sanitaire puisse rencontrer ces éléments, il ou elle doit donc s'associer à des techniques de travail. De même, il (elle) doit fouiller en profondeur la méthodologie associée à ces techniques et surtout se maintenir au fait de l'évolution de ce métier.

Or, l'intuition à elle seule n'est plus suffisante si l'on veut vraiment offrir une performance professionnelle. La discipline personnelle, la maîtrise des connaissances et le goût du développement sont autant d'éléments majeurs servant à l'atteinte d'objectifs.

Donc, on comprend facilement que le métier de préposé à l'entretien sanitaire doit s'orienter vers les exigences de l'avenir et, ainsi, permettre d'affirmer que : « Ce rôle en est un de responsabilité et d'éthique professionnelle ».

L'importance du métier de l'entretien sanitaire vis-à-vis de la communauté

Le préposé à l'hygiène et salubrité :

- Assure et maintient une qualité de vie décente pour l'ensemble des individus composant un milieu donné.
- Répond aux besoins élémentaires que nécessite la nature humaine par la salubrité des lieux.
- Minimise les dangers de contamination par de bonnes techniques de travail, assurant ainsi un contrôle des contaminations microbiennes.

- Assure l'enlèvement régulier des déchets et des rebuts qui permet d'atténuer les risques d'accidents et d'incendies.
- Assure une durée de vie maximale aux divers types de revêtements de surfaces et des ameublements du milieu.

Ce ne sont là que quelques exemples qui renforcent le rôle des équipes d'entretien sanitaire.

Merci à vous qui chaque jour, par votre professionnalisme, votre dévouement et votre présence discrète, rendez notre environnement de travail meilleur!

Deuxième partie

La valeur de la propreté pour les bénéficiaires du réseau de la santé

Perspective historique

Ce n'est pas d'hier que date la prévention des maladies transmissibles dans les centres de soins. Les premiers travaux occidentaux sur la prévention des infections remontent au début du 19e siècle et sont attribués à Ignace Philippe Semmelweis. Ce médecin hongrois a démontré que le lavage des mains diminuait le nombre de décès causés par la fièvre puerpérale chez les femmes après l'accouchement. Il émit l'hypothèse que les étudiants qui se promenaient des salles d'autopsie aux salles d'accouchement transportaient des particules cadavériques sur leurs mains. En promouvant l'hygiène des mains entre les autopsies et les salles d'accouchement, il diminua les décès post-accouchement de 12 à 1,3 %.

Malheureusement, le monde médical apporta peu d'enthousiasme aux travaux de Semmelweis et ceux-ci ne furent pas pris au sérieux.

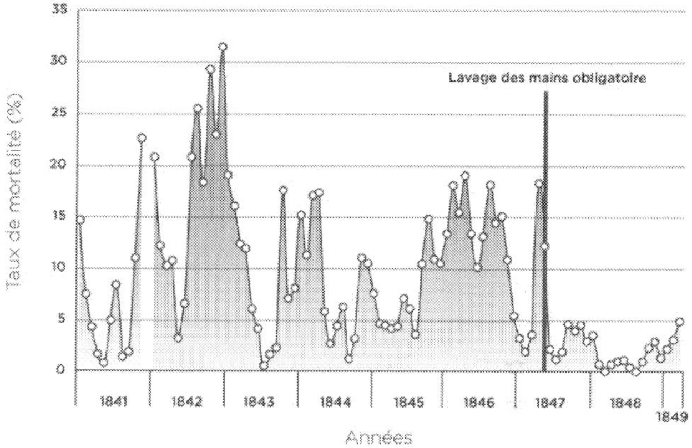

Figure 1. Pourcentage de mortalité post-partum dans le temps. Noter la diminution marquée des décès après l'implantation de la mesure d'hygiène des mains obligatoire.

Dès la seconde moitié du 19e siècle, un médecin chirurgien anglais du nom de Joseph Lister se préoccupa des décès postopératoires. Ce médecin était un grand admirateur de Louis Pasteur et un défenseur de la théorie des germes. En pratiquant la désinfection des instruments de chirurgie, l'asepsie des mains et le port de vêtement propre, Lister contribua à diminuer le nombre de décès postopératoire. Bien que ses travaux aient changé le monde chirurgical à jamais, ceux-ci ne se sont pas vraiment propagés au-delà du cadre chirurgical.

À la même époque, une infirmière du nom de Florence Nightingale introduisit la prévention des infections dans les hôpitaux de Londres. Elle a promu l'isolement des patients contagieux, la prévention de la contamination croisée et la préparation aseptique de la nourriture des patients. La persévérance de Florence Nightingale et son approche holistique et scientifique ont fait qu'elle est aujourd'hui reconnue comme la mère de la prévention des infections modernes. Entre autres, elle prêchait l'utilisation des statistiques pour une approche basée sur l'évidence et non sur des théories fantaisistes de l'époque telles que les airs malsains et les miasmes nocturnes.

Figure 2. Gravure de Florence Nightingale vers 1873.

Pendant ce temps, Louis Pasteur et Robert Koch réfutent la génération spontanée et promeuvent la théorie des germes. La découverte des germes et l'élaboration des théories s'y rattachant changeront le monde médical à jamais. Depuis cette époque, la prévention des infections nosocomiales s'est organisée au point d'être devenue une discipline à part entière dans le monde médical.

Les infections nosocomiales sont les infections contractées dans un milieu de soins, telles que l'hôpital ou les centres de soins de longue durée. Il est important de garder en tête que cette définition est très large et concerne autant la transmission directe entre personnes que la transmission indirecte via l'environnement. De plus, l'infection peut atteindre indifféremment un patient, un visiteur ou un membre du personnel.

Selon le Syndicat canadien de la fonction publique, au Canada, les infections nosocomiales sont la quatrième cause de mortalité en importance. Il est estimé qu'un patient sur dix va contracter une infection à l'hôpital et que de ces personnes, 1 sur 10 va en décéder. Autrement dit, une personne hospitalisée sur 100 décède à la suite d'une infection nosocomiale.

Bref, la lutte aux infections nosocomiales est loin d'être terminée d'autant plus avec l'émergence de bactéries multirésistantes aux antibiotiques et de virus comme par exemple le virus Ebola. La lutte aux infections dans les centres de soins n'a jamais autant été d'actualité et l'hygiène environnementale est aujourd'hui considérée comme une pratique essentielle à sa réussite.

Le rôle des surfaces dans la transmission des pathogènes

L'environnement inanimé qui nous entoure est souvent pointé du doigt comme source potentielle d'infections, particulièrement dans un contexte de soins. Effectivement, une surface contaminée peut représenter un risque infectieux. Toutefois, pour qu'il y ait un risque réel, certains éléments doivent être pris en compte, notamment :

- Un nombre appréciable de microorganismes doivent être présent sur la surface.
- Les microorganismes doivent être infectieux, et ce pour un temps significatif sur une surface inanimée.
- Un hôte susceptible doit être exposé.
- Un mode de transfert permettant de transmettre un nombre important de microorganismes doit avoir lieu.
- Il doit y avoir un portail d'entrée approprié chez l'hôte pour le microorganisme pathogène.

À la lumière de ces éléments, il est facile de comprendre que la propreté visible et microbiologique de l'environnement est essentielle pour briser la chaîne de transmission des infections à travers l'environnement inanimé.

Il est connu que la principale source de contamination de l'environnement est un patient. Bien que les travailleurs des centres de soins soient réputés pour pouvoir contaminer l'environnement, leur rôle serait moins important que celui des patients. La contamination de l'environnement immédiat par le patient peut s'avérer extensive et voyager au-delà de son environnement immédiat.

Il est important de se rappeler qu'un patient admis dans une chambre précédemment en isolement pour une infection est plus à risque de développer une infection. Plusieurs études scientifiques ont mis ce phénomène en évidence. Cette constatation vient mettre un poids important sur l'importance de la qualité du nettoyage et de la désinfection. Effectivement, plusieurs de ces études ont aussi démontré que des pratiques de nettoyage et de désinfection renforcies étaient directement liées à une diminution de la transmission des infections.

Comment l'environnement se contamine-t-il?

Traditionnellement, en microbiologie, deux types de transmission peuvent avoir lieu : celle nécessitant un contact direct et celle impliquant un contact indirect. Le premier a lieu lors d'un contact direct entre deux personnes. Un exemple classique est un membre du personnel soignant qui ne se lave pas les mains avant de toucher son patient et que celles-ci étaient précédemment contaminées.

Le deuxième type de contact est le contact indirect. Il peut s'agir par exemple d'un appareil ou d'une surface contaminée qui entrent en contact avec le patient. À la suite de ce contact, le patient risque de développer une infection. Dans le jargon scientifique, les surfaces contaminées seront souvent appelées fomites.

Un autre exemple de transmission indirecte est la transmission par gouttelettes ou aérosols. Par exemple, dans le cas de la grippe, des gouttelettes vont se déposer sur une zone de 1 à 3 mètres entourant le patient. Si une personne se trouve dans cette zone, elle est à risque d'être contaminée par ces gouttelettes. Autre que le risque présent lorsque nous sommes en présence d'un tel cas, il faut comprendre que l'environnement se contaminera aussi. Il est donc important que le spécialiste en entretien ménager comprenne que l'environnement sera contaminé au-delà des objets que le patient aura touchés, d'où l'importance de l'isolement de type gouttelettes/contact.

Les aérosols représentent quant à eux un défi unique. Les patients atteints de maladies présentant un risque de transmission importante par aérosols seront mis en isolement aérosols dans une chambre à pression négative. Les procédures de désinfection de ces chambres sont extensives et s'étalent au-delà du but visé par ce fascicule. Toutefois, il est important de comprendre que ces aérosols peuvent voyager sur une distance au-delà de 5 mètres. Ainsi, la chambre du patient atteint d'une telle infection, par exemple la rougeole, devra être désinfectée extensivement puisque chaque surface peut représenter un risque.

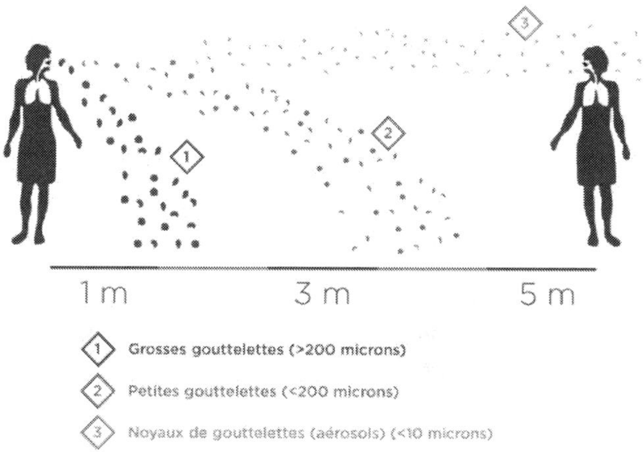

Figure 3. Exemple d'une personne relarguant des aérosols. Il est à noter que la distance parcourue par les particules est dépendante de leur diamètre aérodynamique.

Hygiène des mains

Le lavage des mains est un geste d'une très grande importance dans le monde d'aujourd'hui. Plus qu'une question de santé publique, il s'agit d'une question de santé personnelle. Effectivement, nos mains se baladent constamment d'une surface à une autre puis à notre visage et sur notre nourriture.

Pour prévenir les infections, il est donc primordial de se laver les mains plusieurs fois par jour; particulièrement avant et après de manger et d'aller à la toilette.

Les quatre moments

Les quatre moments sont en réalité une modification des cinq moments de l'hygiène des mains mis en place par l'Organisation mondiale de la Santé. Bien que ces quatre moments s'appliquent davantage au personnel soignant, trois de ces quatre moments s'appliquent aussi au personnel de l'entretien ménager : avant de toucher l'environnement du patient, après avoir touché l'environnement du patient et en cas de contact avec des liquides organiques. Il est important aussi de rappeler qu'après le retrait de gants, l'hygiène des mains doit être pratiquée.

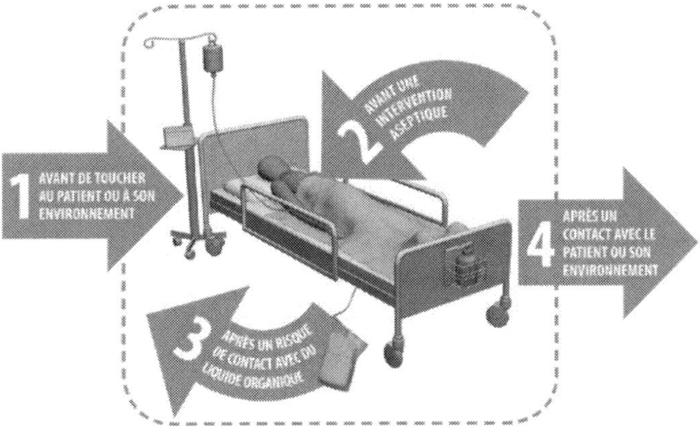

Figure 4. Les quatre moments de l'hygiène des mains.

L'hygiène des mains est sans aucun doute le moyen le plus efficace de réduire la propagation des microorganismes. Il sert à protéger les bénéficiaires de soins en plus de protéger la personne qui se lave les mains des microorganismes pathogènes.

Les produits antibactériens

Il est à se rappeler que les savons à mains n'ont pas de pouvoir antibactérien, c'est-à-dire qu'ils ne tuent pas les bactéries sur les mains. L'action du savon à mains vise plutôt à enlever les saletés et les microbes mis en suspension et éliminés lors du rinçage. Dans les endroits où l'hygiène des mains est plus critique, comme les unités de néonatologie, les soins intensifs ou encore les usines alimentaires, des savons avec des agents antibactériens peuvent être utilisés.

L'agent antibactérien le plus utilisé est le triclosan à une concentration de 0,3 % ou moins. Récemment, plusieurs études scientifiques ont remis l'innocuité du triclosan en question au point où l'agence américaine d'administration des aliments et drogues (U.S. Food and Drug Administration) a remis en question son utilisation dans les savons à mains. De son côté, Santé Canada est actuellement en train d'étudier les risques associés à ce produit chimique.

Un autre agent couramment retrouvé dans les savons antibactériens est la chlorhexidine. Celui-ci s'avère très efficace mais pas autant que ses formes polymériques. Effectivement, le polyhexaméthylène, un dérivé de la chlorhexidine, s'avère moins irritant et plus efficace que la chlorhexidine.

Les savons à mains antibactériens n'ont aucun effet sur les spores bactériennes et ont peu d'effet contre les virus. Ces savons permettent de diminuer davantage la flore microbienne de la peau. De plus, certains de ces agents retardent la recontamination des mains.

Solutions hydro-alcooliques

Ils sont partout : centre d'achats, hôpitaux, restaurants, bureaux, etc. Il est donc justifié de se demander à quels points les gels antiseptiques à base d'alcool sont efficaces. Il a été démontré scientifiquement que les gels contenant entre 60 et 81 % d'alcool sont la manière la plus efficace pour réduire les microorganismes sur les mains lorsqu'elles ne sont pas souillées. Il a même été démontré que le taux d'absentéisme diminuait dans les écoles où le gel antiseptique était présent, ainsi que dans d'autres milieux de travail. En effet, la plupart des gels éliminent efficacement plus de 99 % des bactéries sur les mains. Il y a cependant une exception : ces gels ne sont pas efficaces contre la bactérie *Clostridium difficile* où le lavage traditionnel avec du savon doit avoir lieu lorsqu'on est en contact avec une personne infectée ou son environnement.

Ainsi, le Ministère de la Santé et des Services sociaux suggère :

1. De maintenir les distributeurs de solution antiseptique en place dans les milieux de travail et poursuivre leur remplissage.
2. De promouvoir l'hygiène des mains en incluant l'utilisation des solutions antiseptiques.

Ce que nous réserve l'avenir

L'avenir de l'hygiène et de la salubrité dans les hôpitaux est très prometteur et une panoplie de nouvelles technologies verront le jour. Dans cette section, nous allons jeter un coup d'œil aux nouvelles technologies commercialisées ou sur le point d'être commercialisées. Nul ne peut prédire laquelle de ces technologies sera adoptée universellement et lesquelles tomberont dans l'oubli.

Ultraviolet (UV) et lumière pulsée

Ce type d'appareil ne vise pas à remplacer les équipes d'entretien ménager ni les produits de désinfection critique utilisés, mais plutôt à effectuer leur travail en assurant une désinfection plus extensive. Pour l'instant, ces machines sont assez dispendieuses et nécessitent un entretien régulier. Sa plus grande faiblesse est que les rayons UV doivent éclairer le plus directement possible les surfaces. Afin qu'il n'y ait pas un effet d'ombrage créé par les objets, des solutions telles que des peintures réfléchissantes sont actuellement en développement.

Cette technologie semble prometteuse. Toutefois, plus d'études seront nécessaires pour confirmer leur utilité. De plus, le temps de désinfection aux UV est d'environ 1 heure et ne remplace pas le nettoyage de la chambre.

Surfaces antibactériennes

Certaines de ces surfaces, telles que Microban® ou encore les surfaces en cuivre, sont présentes en petite quantité sur des appareils. Ces surfaces préviennent ou, la plupart du temps, retarde la contamination des surfaces. Malheureusement, pour la majorité des surfaces, le pouvoir antibactérien diminue avec le temps. Certaines de ces surfaces telles que celle en cuivre ne sont pas compatibles avec les désinfectants à base de peroxyde d'hydrogène ou d'autre oxydant. Elles sont donc utiles pour certains appareils, mais des avancées technologiques devront avoir lieu avant leur déploiement à grande échelle. Certaines surfaces antibactériennes développées expérimentalement pourraient voir leur pouvoir antibactérien régénéré lorsque stimulé par les UV ou certains produits chimiques… à suivre!

Vapeur de peroxyde d'hydrogène

Dans cette catégorie, il existe actuellement deux types de produits : à base de vapeur et à base d'aérosols dits « *dry-mist* ». Ces technologies ont démontré une efficacité remarquable pour la désinfection des chambres et des salles. Toutefois, comme les UV, cette technologie est très dispendieuse. De plus, les chambres doivent être scellées et la ventilation fermée. Le temps requis peut aussi s'avérer assez long. Toutefois, il n'est pas impossible de voir le temps nécessaire à la désinfection ainsi que le coût des appareils et d'opération diminués avec le temps.

Désinfectant aux sels d'argent

Les sels d'argent sont utilisés depuis bien longtemps pour prévenir la contamination bactérienne. Par exemple, certains peuples de l'Antiquité entreposaient l'eau dans des vases d'argent pour prévenir sa contamination. L'efficacité de ces désinfectants semble très prometteuse. Toutefois, à cause du coût de l'argent actuel et du potentiel toxique de ce métal, les prix sont présentement exorbitants.

Détection *in situ* des contaminations

Il n'est pas fantaisiste de penser qu'un jour, nous pourrons détecter en quelques secondes les surfaces contaminées. Certains systèmes, tels que ceux basés sur l'ATP, peuvent nous donner un aperçu de ce que sera l'avenir. Il sera donc plus facile d'évaluer les besoins et la qualité de la désinfection dans plusieurs endroits. Toutefois, il faudra attendre avant qu'un gadget digne de Star Trek fasse son apparition.

Désinfectant à longue durée d'action

Ces technologies émergent principalement de l'Europe. Il s'agit de désinfectant laissant une pellicule antibactérienne sur les surfaces désinfectées pour une durée allant jusqu'à 7 jours. Bien que cela puisse sembler intéressant à première vue, son application dans les hôpitaux demeure incertaine. Effectivement, cette technologie ne replace pas le besoin de nettoyer et une présence de saleté inactivera le pouvoir antibactérien de la pellicule. De plus, ces pellicules sont souvent collantes et font que les surfaces se salissent rapidement. Toutefois, cette technologie demeure prometteuse; elle donnerait une désinfection avec un effet rémanent prolongé, permettant ainsi de limiter la propagation indirecte et potentiellement directe des infections.

Gestion des installations révolutionnée

Dans un avenir pas si lointain, peut-être porterons-nous des lunettes qui vont détecter les surfaces contaminées et fournir en temps réel au préposé les instructions pour procéder à la désinfection via sa montre ou son mobile.

Dans le futur, les surfaces seront capables de s'autodésinfecter et enverront des messages aux gestionnaires pour les informer quand l'air et les surfaces seront en mesure d'accueillir un nouveau patient.

Conclusion générale

Nous terminons cet ouvrage sur une note optimiste comme quoi la propreté a une valeur importante. Que ce soit d'un point de vue simplement financier ou pour le bien-être des travailleurs, des usagers ou de la population en général, la société entière bénéficiera toujours d'un monde plus propre.

Made in United States
Orlando, FL
04 November 2026

90200715R10031